글 곽영미

제주도에서 태어나 유치원 교사로 일하며, 성균관대학교 박사 과정에서 아동 문학·미디어 교육을 공부했습니다.

2007년 한국안데르센문학상 동화 부문 가작을 수상했으며, 2012년 경남신문 신춘문예 동화 부문에 당선되었습니다.

지은 책으로 《코끼리 서커스》, 《초원을 달리는 수피아》, 《옥수수 할아버지》, 《어마어마한 여덟 살의 비밀》, 《두 섬 이야기》 등이 있습니다.

그림 허지나

'School of Visual Art'와 홍익대학교 일반 대학원에서 일러스트레이션을 공부하고, 지금은 어린이 책에 그림을 그리고 있습니다.

그림을 그리면서 어른과 어린이가 그림책을 통해 함께 꿈을 꾸는 방법을 알게 되어 행복하답니다.

그린 책으로는 《하나사카 지지》, 《티키 티키 템보》, 《티니타이니 우먼》, 《물도깨비 나라 숲도깨비 나라》 등이 있습니다.

신기한 닮은꼴 과학
자연에서 찾은 18가지 생체모방 이야기

© 곽영미, 허지나, 2015.

발행일 1쇄 2015년 9월 17일
2쇄 2021년 6월 24일
기획·글 곽영미 | **그림** 허지나
펴낸이 김경미
편집 강준선
디자인 이진미
펴낸곳 숨쉬는책공장
등록번호 제2018-000085호
주소 서울시 은평구 갈현로25길 5-10 A동 201호(03324)
전화 070-8833-3170 **팩스** 02-3144-3109
전자우편 sumbook2014@gmail.com

ISBN 979-11-86452-06-6 04400

숨쉬는책공장 과학안1*2 시리즈는 우리를 둘러싼 자연환경을 멀리 그리고 가까이 살펴봄으로써, 자연을 사랑하는 마음을 기르고 창의력을 키우도록 돕는 그림책 시리즈입니다.

신기한 닮은꼴 과학

자연에서 찾은 18가지 생체모방 이야기

기획·글 곽영미 | 그림 허지나

숨쉬는
책공장

차례

지금부터 살펴볼 발명품들은 동물, 식물과 같은 자연 생물을 관찰하고 모방해서 만들어졌어요. 이런 기술을 생체모방 기술이라 하고, 생체모방 기술로 만들어진 발명품들을 생체모방 기술 발명품이라고 한답니다. 자연을 모방한 생체모방 아이디어 개발은 꽤 오래전부터 시작되었죠. 천재라고 불리는 레오나르도 다빈치는 늘 자연을 관찰하고 그 속에서 많은 아이디어를 얻었어요.

'벌레 보듯 한다', '벌레만도 못한 놈', '벌레 취급을 한다'와 같은 말에는 곤충에 대한 좋지 않은 뜻이 담겨 있어요. 음식물에 앉은 파리에 질색하고, 바퀴벌레를 보고 소리를 지르는 등 우리는 곤충들에게 많은 적대감과 혐오감을 느끼죠. 그런데 이런 적대감과 혐오감은 모두 학습된 것 즉, 누군가에게 배운 것이랍니다.

생물의 가치는 양이 아니라 다양성에 있어요. 100마리의 한 종이 아닌 여러 종이 함께 살아가는 것이 더욱 중요하답니다. 우리의 삶이 생물종의 다양성과 밀접한 관련이 있기 때문이에요. 인류는 의식주뿐만 아

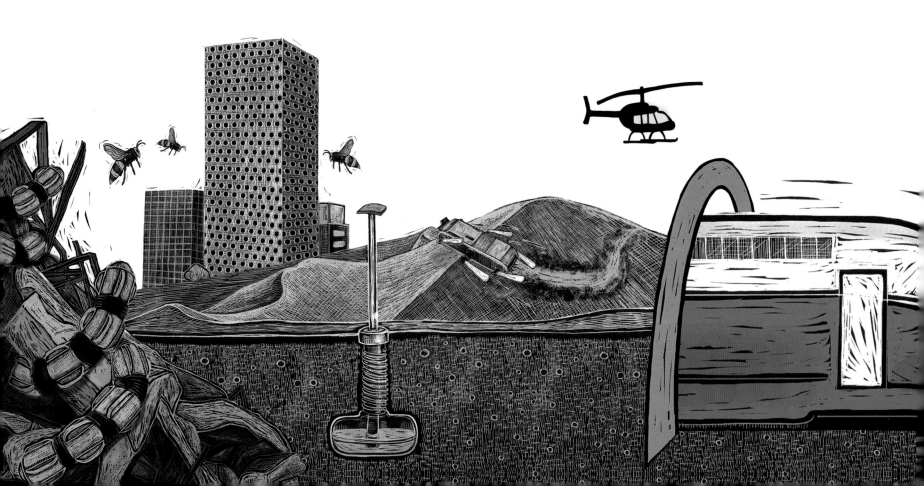

니라 의약품 및 산업용 산물들을 다양한 생물들로부터 얻고, 자연에서 더 뛰어난 기술을 배우고 있답니다. 결국 생물종의 다양성이 없어진다는 것은 인간이 이용할 수 있는 생물 자원과 생태모방 기술이 없어지는 것을 뜻해요.

현재 지구에는 약 150만 종의 생물이 있다고 알려져 있고, 아직 확인되지 않은 생물까지 포함한다면 지구에 사는 생물이 1,000만 종 이상이 됩니다. 그런데 세계의 멸종 위기종은 1만여 종이 넘으며, 우리나라도 멸종 위기종으로 지정된 동물이 무려 220종이나 된답니다. 동물을 멸종 위기에 처하게 하는 결정적인 이유는 자연재해나 기후 변화가 아닌 인간의 활동 때문이에요. 한 번 없어진 생물종은 다시 생겨나지 않아요. 그렇기에 우리 모두 생물 다양성을 유지하기 위해 함께 노력해야 한답니다.

'글을 낳는 집'에서
바람담은 나무 곽영미

창의포인트!
끊임없는 질문이 중요해!
평범한 일상생활에서 "왜?"라는
질문을 하면 놀라운
것들을 알 수 있어!

상어 피부 속 창의 과학

상어 피부 조직에서 아이디어를 얻어 만든 옷은?

물속에서 가장 빠르게 헤엄치는 동물은 상어야.

고래도 빠르지만 고래보다 상어가 더 빠르지. 과학자들은 상어의 피부가 매끄러울 거라고 생각했어. 그래야 물속에서 저항을 덜 받고, 빠르게 헤엄칠 수 있을 테니까. 그런데 상어의 피부에는 마치 사포처럼 돌기들이 나 있어. 이런 돌기들이 물속에서의 저항을 감소시켜 상어가 빨리 헤엄칠 수 있도록 만들어 줘. 이 작은 돌기들은 스스로 회전 운동을 하는데, 물의 흐름과 반대 방향으로 소용돌이를 만들어. 그렇게 만들어진 소용돌이가 상어의 표면과 주위에 흐르는 큰 물줄기 흐름 사이를 떼어 놓아 마찰을 줄여 주는 거야.

과학자들은 상어의 피부와 비슷하게 이 옷을 만들었어. 그랬더니 이 옷을 입은 선수의 수영 속도가 3퍼센트나 빨라졌대. **상어 피부 조직에서 아이디어를 얻은 이 옷은 무엇일까?**

상어는 위험한 바다 동물로 바다의 강력한 포식자입니다. 상어는 공기 주머니인 부레가 없어서 계속 움직여야 가라앉지 않아요. 그래서 항상 지느러미를 흔들며 헤엄친답니다.

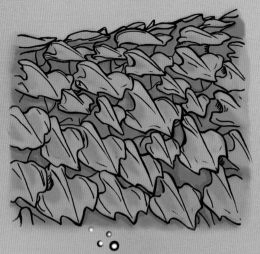

작은 돌기들이 상어를 보호한다고?

상어 피부의 작은 돌기들이 세균으로부터 상어를 보호한답니다. 작은 돌기들이 흔들리면 표면이 불안정해서 어떤 박테리아나 세균이 자리를 잡을 수 없게 되어요. 실제 한 병원에서는 병원의 벽면에 이 방법을 적용해 세균 번식을 없앴답니다.

내 피부 대단하지?

🔍 탐구 활동

동물들을 관찰하는 방법을 알아보아요!

주변에 사는 동물들을 관찰해요. 사진기, 필기도구, 돋보기 등을 준비해서, 얼굴, 다리, 귀 등의 생김새를 살펴보고, 색깔과 크기도 비교해 보아요. 움직임을 살펴본 뒤 그려 보아도 좋아요. 촉감을 살펴보거나 냄새를 맡아 보는 것도 좋고요. 비슷한 동물끼리, 전혀 다른 동물끼리 분류해 보거나, 날개나 더듬이가 있거나 없는 것, 곤충인 것과 아닌 것 등 특징에 따라 기준을 정하고 분류하는 것도 좋은 방법이에요.

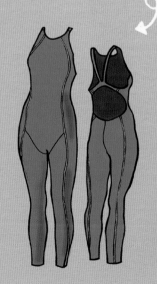

정답은 바로 이것! 상어 피부에서 얻은 아이디어가 바로 **전신 수영복**이 되었어!

게이코 도마뱀 발바닥 속 창의 과학
게이코 도마뱀 발바닥을 모방해 만든 발명품은?

도마뱀은 신기하게도 벽과 천장에서 떨어지지 않고 걸어 다녀. 도마뱀 발가락 바닥에 접착 물질이 있을 거라고? 아냐, 그렇지 않아. 그런데 어떻게 가능할까?

도마뱀 발바닥에 나 있는 수백만 개의 빳빳한 털 때문이야. 도마뱀의 발가락 바닥을 자세히 살펴보면 사람의 손금처럼 작은 주름들로 덮여 있어. 그 주름을 확대해 보면 주름은 다시 작은 털로 덮여 있지. 작은 털은 1제곱밀리미터당 약 1만 5,000개나 될 정도로 빽빽하게 나 있어. 이것은 마치 빗자루처럼 생겼는데, 털 자루 끝에는 수백 개가 넘는 가시가 나 있다고 해. 도마뱀의 접착력은 이 엄청난 작은 털 표면과 벽 표면 사이에 작용하는 작은 힘에서 비롯하지.

미국의 공학자들은 이 도마뱀의 원리를 응용한 나노기술로 '게이코 테이프'를 개발했어. 이 접착제는 끈적거리지도 않고, 쉽게 붙였다 뗄 수 있다고 해. 또 스탠퍼드대학의 한국인 유학생인 김상배 씨가 도마뱀 발바닥을 모방해 미끄러운 유리 벽면을 오르거나 천장에 거꾸로 붙을 수 있는 새로운 발명품을 만들기도 했어. 이것은 2006년 《뉴욕타임스》에서 뽑은 '올해의 발명품'으로 선정되기도 했지. **게이코 도마뱀의 원리를 응용해 만든 발명품은 무엇일까?**

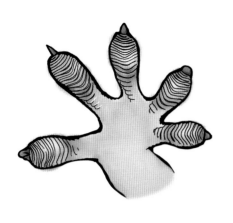

🔍 탐구 활동

동물 관찰하기

1) 관찰할 동물을 선택하고, 관찰 장소를 정해요. 관찰 장소는 관찰할 동물을 자주 볼 수 있는 곳이 좋아요.

2) 무엇을 관찰할지, 알고 싶은 것들은 무엇인지 생각하며 관찰 방법 계획을 세워요.

3) 관찰 계획서를 만들어요.

4) 정해진 시간에 동물을 관찰하며 관찰 일지에 결과를 정리해요.

관찰 일지	이름: 김나무
관찰한 날: 2015년 8월 1일	관찰한 곳: 동네 뒷산
관찰한 동물: 다람쥐	관찰한 방법: 눈으로 보기
관찰 내용 그림으로 표현하기	관찰 내용 적어 보기

등에 줄무늬가 있다.
꼬리가 몸집만큼 길다.
빠르게 움직인다.

🐹 창의 포인트!

남들과는 다른 독창적인
생각을 하도록 해!

딱따구리 머릿속 창의 과학

딱따구리 머리를 관찰해 만든 보관함은?

딱따구리는 하루 평균 1만 2,000번에 가까운 박치기를 한다고 해. 사람의 머리를 저렇게 박치기하면 우린 모두 살아남을 수 없어. 그런데 어떻게 해서 딱따구리 머리는 괜찮을까?

과학자들은 딱따구리의 머리에 충격 흡수 장치가 있다는 걸 알아냈어. 두개골을 안전띠처럼 감싸는 긴 목뿔뼈가 있고, 두개골 안에는 스펀지 같은 뼈가 있어서 충격을 흡수한다고 해. 그래서 뇌를 전혀 다치지 않고, 나무를 찍어 먹이를 찾고 집을 만드는 거야. 연구가들은 딱따구리의 머리에서 아이디어를 얻어서 엄청난 충격에도 견딜 수 있는 보관함(케이스)을 개발했어.

이 보관함은 사고가 났을 때, 명확한 원인을 알 수 있도록 해 주는 장치로, 어떤 충격에도 부서지지 않아. 그래서 자동차, 항공기 등에서 사용되고 있지. **딱따구리의 머리에서 얻은 아이디어로 만든 보관함은 무엇일까?**

딱따구리는 한국에 사는 텃새예요. 흰색, 검은색, 붉은 색의 깃털을 가지고 있고, 주로 나무 속에 있는 애벌레를 먹는답니다. 애벌레를 잡아먹어 나무를 보호해 줘 숲 속 나무 의사라고도 불러요. 종류로는 쇠딱따구리, 오색딱따구리, 천연기념물인 까막딱따구리 등이 있어요.

정답은 바로 이것!

딱따구리의 머리에서 얻은 아이디어가 바로 항공기에 있는 **블랙박스**가 되었어!

난 물에다 알을 낳아!

🔍 탐구 활동

동물의 한살이에 대해 알아보아요!

먼저 새끼를 낳는 동물의 한살이를 알아보아요. 새끼는 태어나 어미의 젖을 먹고 자라요. 이빨이 나면 먹이를 먹기 시작하고, 다 자랄 때까지 어미의 보살핌을 받는답니다. 다 자란 암수가 만나 짝짓기를 하고, 다시 새끼를 낳고 돌봐요. 이것이 개, 토끼, 소, 양, 코끼리, 박쥐, 고래 등과 같이 새끼를 낳는 동물의 한살이에요.

아이고 예쁜 내 새끼!

알을 낳는 동물의 한살이를 살펴보면, 알에서 부화하여 새끼가 나오고, 새끼는 먹이를 먹으며 자라요. 다 자란 암수가 만나 짝짓기를 하고, 암컷은 적당한 장소에 다시 알을 낳죠. 닭, 오리, 거북, 뱀, 곤충, 새와 같은 동물들이 이런 한살이를 산답니다. 알을 낳는 동물은 땅에 알을 낳는 동물과 물에 알을 낳는 동물로 구분할 수 있어요. 물에 알을 낳는 동물은 도롱뇽, 개구리, 맹꽁이, 두꺼비, 잠자리, 하루살이, 모기, 붕어, 고등어 등이에요.

스네이크 로봇 속 창의 과학
스네이크 로봇에 아이디어를 준 동물은?

스네이크 로봇은 무너져 내린 건물 틈 사이로 들어가 사람을 구하려고 만들어진 로봇이야.

무너진 건물의 좁은 틈 사이를 이동하며 안에 갇힌 사람들을 찾고, 구할 때에 이것을 닮은 스네이크 로봇이 가장 적합하다고 해. 스네이크 로봇은 이것을 닮아서 잘 기어 다니고, 구르고, 나무에 오를 수도 있고, 심지어 물속에 들어가서도 자유롭게 마음껏 움직일 수 있어. 이것은 잘 기어 다니고, 움츠리는 동물이야. 여러 마디가 접혔다 펴지면서 움직이는 이 동물의 원리를 스네이크 로봇에 적용했어.

스네이크 로봇에는 머리 부분에 센서와 카메라가 달려 있어 영상을 주고받을 수 있으며, 무선 조작으로 움직여. 스네이크 로봇은 실제 일본 후쿠시마의 대지진 피해 현장에 투입되어 수색과 인명 구조를 하기도 했어. **스네이크 로봇에 아이디어를 준 동물은 누구일까?**

창의 포인트!
다른 사람에게
도움이 되는 좋은 생각도
창의력이 만들어!

우리는 왜 뱀을 무서워할까요? 한 연구에 따르면 인간이 뱀을 무서워하게 된 것은 원시 시대에 사냥에서 뱀에게 공격을 많이 받았기 때문이랍니다. 이런 공격들로 뱀에 대한 공포가 인간의 DNA에 기억되었기 때문이지요.

📝 **정답은 바로 이것!**
스네이크 로봇이 만들어진 건 바로 **뱀이 이동하는 모습에서** 얻은 아이디어 때문이야!

🔍 탐구 활동

동물 암수 생김새와 역할을 알아보아요!

동물의 암수는 어떻게 구별할까요? 한눈에 암수를 구별할 수 있는 동물이 있고, 구별하기 어려운 동물도 있어요. 암수의 구별이 쉬운 동물은 꿩, 사자, 원앙, 사슴, 사슴벌레 등이에요. 이들은 수컷이 암컷보다 커요. 대부분 수컷이 암컷을 유인하기 위해서 깃털이 화려하죠. 사자는 수컷에만 갈기가 있고, 사슴 수컷은 뿔이 있답니다. 수컷 원앙은 화려한 깃털을 갖고 있다가도 짝짓기가 끝나면 털갈이를 해서 암컷과 비슷해진답니다.

암수 구별이 어려운 동물은 다람쥐, 멧돼지, 노린재, 청개구리 등이에요. 동물에 따라 새끼를 돌보는 일을 암수가 함께 맡기도 하고, 때론 암컷 혼자 맡기도 하고, 수컷 혼자 맡는 경우도 있죠. 아예 암수 모두 돌보지 않는 경우도 있지요. 암수가 함께 알이나 새끼를 돌보는 동물은 황제펭귄, 두루미, 제비 등이고, 암컷이 홀로 새끼를 돌보는 동물은 곰, 코끼리, 소, 산양, 바다코끼리 등이고, 수컷이 홀로 새끼를 돌보는 동물은 가시고시, 물장군, 물자라 등이며, 알을 낳은 뒤 돌보지 않는 동물로는 바다거북, 자라, 개구리 등이 있답니다.

누가 암컷인지 수컷인지 헷갈리지?

17

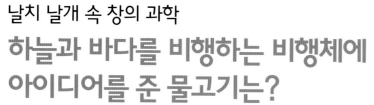

날치 날개 속 창의 과학
하늘과 바다를 비행하는 비행체에 아이디어를 준 물고기는?

창의 포인트!
남들과는 다른 독창적인
생각을 하도록 해!

최대 40초 동안 시속 70킬로미터로

400미터까지 날 수 있어요!

하늘을 날다가 바닷속을 헤엄칠 수 있는 비행체가 있으면 얼마나 좋을까?

최근 우리나라의 최해천 교수팀은 이 물고기를 연구하여, 상상의 비행체를 개발하려는 중이야. 이 물고기는 가슴지느러미와 배지느러미를 활짝 편 뒤 행글라이더처럼 수면 위를 오랫동안 날 수 있다고 해. 이 물고기가 비행할 수 있는 비밀은 바로 가슴지느러미와 배지느러미의 각도야. 이 물고기는 몸통을 수평으로 눕혔을 때 가슴지느러미 앞쪽은 12~15도 위를 향하고, 배지느러미는 2~5도 위를 향한다고 해. 이 각도가 비행기처럼 뜨게 하는 힘을 만드는 거야.

어쩌면 몇십 년 뒤에 바다와 하늘을 오가며 비행하는 비행체가 우리나라에서 발명될지도 몰라. **하늘과 바다를 비행하는 비행체는 어떤 물고기를 연구해서 만들었을까?**

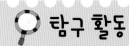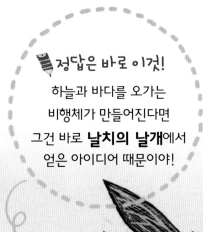

정답은 바로 이것!

하늘과 바다를 오가는
비행체가 만들어진다면
그건 바로 **날치의 날개**에서
얻은 아이디어 때문이야!

🔍 탐구 활동

모방해서 이익을 얻는 동물들을 알아보아요! – 바테시 모방

동물끼리 서로 닮는다는 건 어떤 이유가 있어서겠죠? 박각시나방은 작은 독뱀을 모방해요. 박각시나방의 애벌레를 건드리면 애벌레는 머리와 목을 부풀려 작은 독뱀처럼 보이게 한답니다. 심지어 위협하는 상대를 겁주려고 머리를 앞뒤로 흔들고 뱀처럼 소리도 내죠.

꽃등에라는 곤충도 실제 벌은 아니지만 벌을 닮았어요. 개구리에게 벌처럼 보여 잡혀 먹히지 않으려는 거예요. 이처럼 사실은 위협적이지 않은 종이 실제로 자신에게 위협을 주는 종을 모방하는 것을 '바테시 모방'이라고 한답니다.

뱀인 줄 알고
놀랐지?

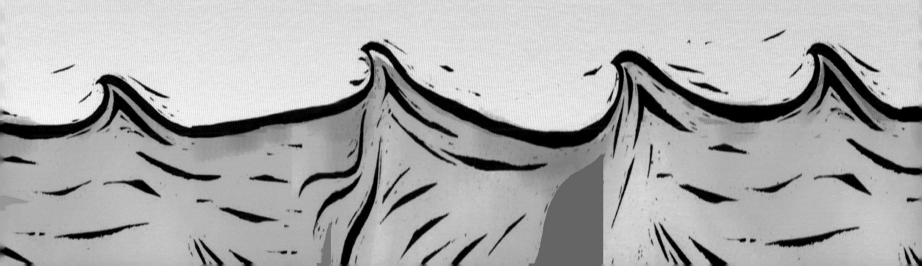

초고속 열차 속 창의 과학

물총새가 저항을 덜 받는 이유는?

일본의 초고속 열차는 세계에서도 빠르기로 유명한 열차야. 그런데 이 열차에는 한 가지 문제가 있었어. 바로 터널을 지날 때 엄청난 굉음을 낸다는 거야. 열차가 좁은 터널에 빠른 속도로 들어오면 기압파가 생겨. 이 기압파는 점점 켜져서 파장을 만들고, 이 파장이 터널 출구에 이르면 커다란 굉음과 함께 강한 진동을 만들어. 이 굉음 때문에 주민들의 항의가 심했어. 초고속 열차의 시험 운행 책임자였던 공학자는 물총새의 이것을 따라 초고속 열차의 맨 앞부분을 길고 뾰족하게 만들었어.

그랬더니 속도는 더 빨라지고, 터널을 통과할 때 생기던 커다란 굉음도 사라졌어. 물총새는 이 부분 때문에 물속에 뛰어들어도 물이 거의 튀지 않아. 저항이 작은 공기 중에 있다가 저항이 큰 물속에 들어가면 물이 튀게 마련인데, 이것이 저항을 작게 만들어 주는 거지. **저항을 작게 만드는 물총새의 비밀은 무엇일까?**

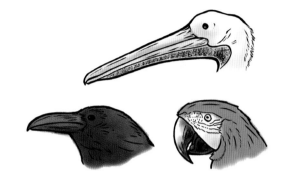

새들은 먹이 종류와 먹는 방법에 따라 부리 모양이 달라요. 고기를 먹는 새들은 튼튼하고 갈고리처럼 휘어진 부리를, 물이나 갯벌에 사는 생물은 먹는 새들은 가늘고 긴 부리를, 곡식이나 작은 곤충을 먹는 새들은 짧고 뾰족한 부리를 갖는답니다.

창의 포인트!

무언가를 단순하게 생각하는 것도 창의력을 키우는 방법이야!

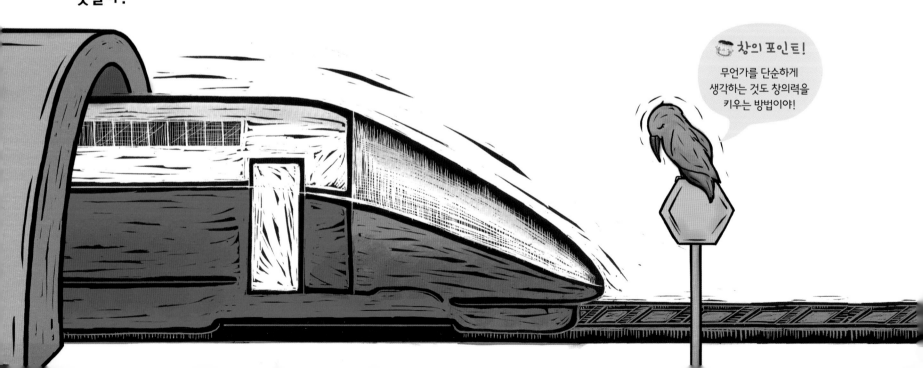

정답은 바로 이것!

초고속 열차의 소음을
줄인 건 바로 **물총새의
부리**에서 얻은 아이디어
때문이야!

🔍 탐구 활동

모방해서 이익을 얻는 동물들을 알아보아요! – 뮐러 모방

바테시 모방이 위협적인 종을 따라하는 것이라면 반대로 서로 닮아서 위험을 방어하는 힘을 키우는 모방도 있어요. 좀말벌과 장수말벌은 모두 독성을 가진 벌인데 서로 비슷하게 생겼어요. 그 둘이 서로 다르게 생겼다면 포식자가 독을 가진 좀말벌을 잡아먹고도 장수말벌이 위험하다고 여기지 않겠지요. 하지만 서로 비슷하게 생겼기 때문에 두 벌 모두 위험하다고 여긴답니다. 이것이 바로 뮐러 모방이에요. 서로 닮아서 더욱 쉽게 자신을 방어할 수 있죠.

창의 포인트!
가끔 말도 안 되는
엉뚱한 상상을 키워 봐!

거미줄 속 창의 과학
거미줄을 보고 만든 옷은?

섬유학자들은 세상에서 가장 질긴 섬유를 거미줄이라고 여겨. 무슨 소리냐고? 거미줄은 선과 블록의 미세한 나노구조로 되어서 얇으면서도 강하다고 해. 나노는 난쟁이를 뜻하는 그리스어에서 유래된 말로, 나노구조는 사람 머리카락 굵기의 10만 분의 1 정도의 미세한 구조를 말해. 거미줄의 나노구조를 이용하면 엄청나게 질긴 거미줄을 만들 수 있고, 섬유로 만들어 옷을 만들 수 있어. 과학자들은 거미줄의 배열구조를 통해서 거미줄보다 6배 더 질긴 섬유를 만드는 데 성공했지.

몇 년 전에는 영국에서 무당거미가 분비하는 거미 실크로 만든 망토가 패션쇼에서 선보이기도 했어. 지금은 거미줄로 이것을 만들고 있어. 이것은 자신의 몸을 보호하려고 입는 옷이야. **거미줄을 보고 만든 옷은 무엇일까? 힌트를 주자면 OO조끼야!**

독거미는 인간에게 해가 되는 강한 독(맹독)을 가진 거미를 말해요. 이런 맹독을 가진 거미의 수는 굉장히 적어요. 그렇지만 독은 아주 위험하답니다. 유명한 독거미로는 이꺼거미, 멕시코 붉은다리거미, 검은과부거미 등이 있어요.

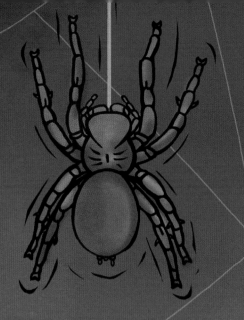

거미는 곤충이 아닌 절지동물?

거미는 곤충이 아닌 절지동물이에요. 곤충들의 몸은 머리, 가슴, 배로 나뉘지만, 거미는 가슴과 배로만 나뉘어요. 곤충은 다리가 3쌍이지만 거미는 4쌍의 다리를 가지며, 더듬이와 날개가 없어요. 많은 거미는 변태 과정을 거치지 않고 자란답니다.

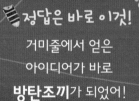

정답은 바로 이것!

거미줄에서 얻은
아이디어가 바로
방탄조끼가 되었어!

🔍 탐구 활동

서로 다른 동물이지만 생김새가 비슷한 동물을 알아보아요!

개구리, 악어, 하마는 서로 눈, 콧구멍의 위치가 비슷하고 생김새가 닮았어요. 이 세 동물은 물속에서 생활하는데, 눈과 콧구멍을 물 밖으로 내밀어 숨을 쉰답니다. 그래서 눈과 콧구멍의 위치가 수평이에요. 먹이를 보면서 숨을 쉬기 위한 것이죠. 개구리와 오리도 서로 다른 동물이지만 물에서 생활하기 편리하도록 비슷한 물갈퀴가 있답니다.

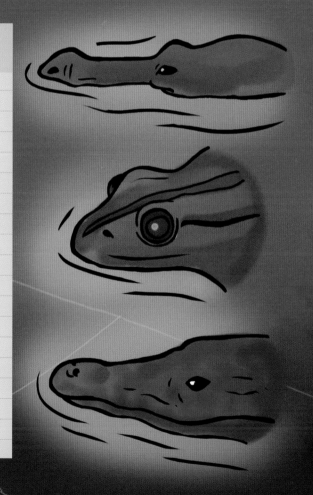

깡충거미 시력 속 창의 과학
깡충거미 시력에서 얻은 아이디어는?

숲에 가서 보면, 갑자기 깡충 뛰어오르는 게 있어. 바로 깡충거미야. 깡충거미는 한 시도 가만히 있지 않고 깡충거려서 깡충거미라고 불린대.

그런데 이 깡충거미는 매우 특별한 눈을 갖고 있어. 깡충거미의 눈은 모두 8개야. 그 중 앞쪽에 4개가 있고, 옆으로 잘 보이지 않게 4개가 머리에 모두 둘러 있어. 앞쪽 4개의 눈 중 커다란 두 눈은 시력이 아주 좋아서, 아주 작은 물체도 볼 수 있다고 해. 깡충거미의 앞쪽 두 눈은 망원 렌즈 역할을 하고, 다른 눈들은 광각 렌즈 역할을 해서 먹이가 있는 거리를 정확히 계산하지.

과학자들은 이런 깡충거미의 기술을 모방해서 물체의 거리를 정확하게 계산하는 이것을 만드는 데 활용할 생각이야. **과학자들은 깡충거미의 시력에서 어떤 아이디어를 얻었을까?**

깡충거미는 먹이를 잡기 위해 뛰어오를 정확한 거리를 계산할 수 있어요. 그래서 모두 시력이 좋다고 생각하지만 시력이 좋지 않은 깡충거미 종류들도 있답니다.

* 광각 렌즈: 초점 거리가 짧고 넓게 볼 수 있어.
* 망원 렌즈: 초점 거리가 길어 멀리 볼 수 있어.

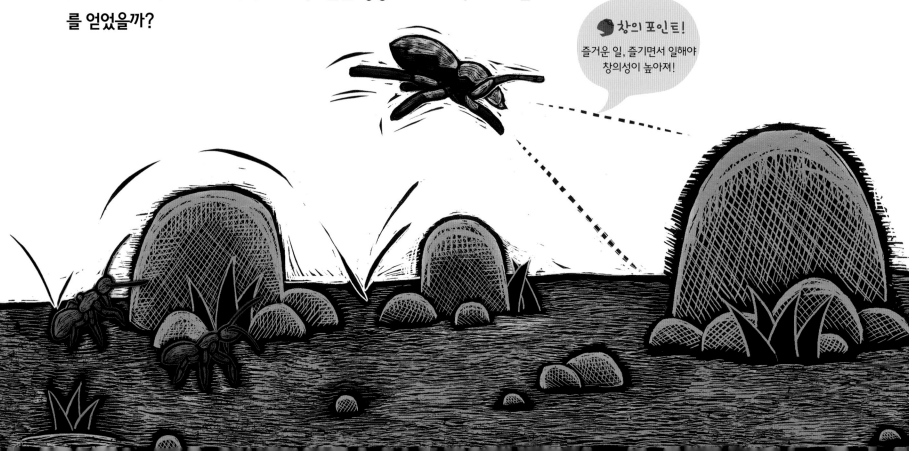

창의 포인트!
즐거운 일, 즐기면서 일해야 창의성이 높아져!

🔍 탐구 활동

서로 같은 동물이지만 생김새가 다른 동물을 알아보아요!

같은 여우이지만 북극여우와 사막여우는 생김새가 달라요. 사막여우는 황갈색으로 사막인 모래와 색깔이 비슷해서 눈에 잘 띄지 않아요. 또 더운 곳에 적응하기 위해 큰 귀를 갖고 있죠. 귀가 커서 체온이 높게 올라가는 것을 막을 수 있어요. 사막여우와 달리 북극에 사는 북극여우는 겨울이 되면 흰색으로 털이 변해요. 눈에 잘 띄지 않기 위해서예요. 북극여우는 추위에 열을 빼앗기지 않으려고 귀가 작답니다. 북극곰은 다른 곰들과 달리 털이 흰색이고, 몸집도 훨씬 커요. 빽빽하게 난 털과 두터운 피하 지방이 있어 북극에서도 추위를 견딜 수 있답니다.

✏️ 정답은 바로 이것!
과학자들은 깡충거미 시력에서 얻은 아이디어로 물체의 거리를 정확하게 계산할 **카메라**를 만들 예정이야!

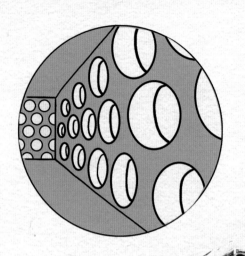

벌집구조 속 창의 과학

어반하이브를 만들 수 있게 한 곤충은?

건축가들은 오랫동안 이 곤충의 집 구조를 연구했어. 최근 우리나라에서도 도심 속 이 곤충의 집이라는 뜻을 지닌 이름이 붙여진 '어반하이브'라는 건축물이 생기고 있지. 콘크리트는 무거워서 70미터 높이 이상의 건물을 짓기가 힘들다고 해. 하지만 이 곤충의 육각형집 구조처럼 구멍을 뚫으면 콘크리트 양을 줄여 압력을 줄이고, 건물을 더 튼튼하게 만들 수 있어. 이 곤충의 집 구조는 건물뿐만 아니라 고속 열차의 충격 흡수 장치나, 경주용 자동차의 안전장치 등에도 활용된다고 해.

어반하이브는 어떤 곤충의 집에서 아이디어를 얻었을까?

창의 포인트!

유머를 즐기며
창의성을 높여 봐!

천연 벌집구조는 정육각형 구조로 되어 있어요. 정육각형 구조는 부피의 비율이 가장 높아서 공간을 좀 더 효율적으로 사용할 수 있지요. 그래서 벌은 벌집 무게의 30배가 되는 양의 꿀을 저장할 수 있답니다.

정답은 바로 이것!
어반하이브 건물이 만들어진 건 **벌집의 육각형** 구조에서 얻은 아이디어야!

🔍 탐구 활동

곤충에 대해 알아보아요!

우리 주변에는 수많은 곤충이 살고 있어요. 계절마다 볼 수 있는 곤충을 알아볼까요?

봄에는 식물들의 수분 활동을 도와주는 나비, 개미, 진딧물을 잡는 무당벌레, 벌을 닮은 꽃등에, 거미 등이 있어요.

여름에는 뜨겁게 울어대는 매미, 장수풍뎅이, 사슴벌레, 메뚜기, 파리, 윙윙거리는 모기, 불빛을 내뿜는 반딧불이 등이 있죠.

가을 곤충으로는 귀뚜라미, 잠자리와 말벌, 방아깨비 등이 있어요.

겨울에는 곤충들의 알주머니와 고치, 도롱이들을 볼 수 있답니다.

27

초소형 비행체에 아이디어를 준 곤충은?

주머니 안에 들어가는 작은 비행체가 있으면 얼마나 신날까? 국내 한 대학 연구팀은 이런 비행체를 만들려고 무려 1년 넘게 이 곤충의 비행을 연구했어.

이 곤충은 평소에는 날개를 접고 있다가 도망칠 때만 펴는데, 날 때 미세한 비틀림으로 공기 소용돌이를 만들어. 이 공기 소용돌이가 띄우는 힘을 만들고, 적은 힘으로도 날 수 있게 하지. 연구팀은 이 곤충처럼 날개를 비트는 동작을 따라해 안정적인 자세로 날아오르는 초소형 비행체를 완성했어.

초소형 비행체는 인간이 다가가기 힘든 곳에서 인간 대신 정찰과 수색 등의 업무를 할 수 있어. 또 이 곤충의 비행체가 화성을 비행할 수 있을 거라는 기대로 화성을 연구하는 과학자들의 관심을 받고 있다고 해. 머지않아 화성을 비행하는 이 초소형 비행체를 만날 수 있겠지! **초소형 비행체는 어떤 곤충의 비행을 연구해서 만들었을까?**

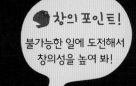

창의 포인트!
불가능한 일에 도전해서
창의성을 높여 봐!

정답은 바로 이것!
초소형 비행체가 발명될 수 있었던 건 바로 **풍뎅이의 날갯짓** 때문이야!

🔍 탐구 활동

배추흰나비의 한살이에 대해 알아보아요!

곤충의 한살이는 알, 애벌레, 번데기(빠지기도 함), 성충의 단계를 거치는 곤충 그리고 다시 알을 낳고 죽기까지의 과정을 말해요. 그럼, 배추흰나비의 한살이를 살펴볼까요?

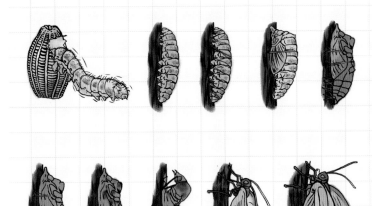

노란 알 속에서 꿈틀꿈틀 애벌레가 움직여요. 하나, 둘, 셋, 마침내 애벌레가 알 껍질 밖으로 나오고, 노란 애벌레는 알 껍질을 갉아먹습니다. 그러고는 배춧잎도 아그작아그작 먹죠. 그런 다음 애벌레는 초록색이 되어요.

애벌레는 작은 발로 슬금슬금 몸을 움직여 잎사귀를 돌아다니다가, 배 끝에 있는 빨판으로 몸을 잎에 단단히 고정해요. 초록색이라 눈에 잘 띄지 않아요. 계속 자라려면 허물을 벗어야 해요. 한 번, 두 번, 세 번, 네 번. 네 차례 허물을 벗습니다. 이제 번데기가 될 때가 되어요. 입에서 실을 내어 안전한 곳에 제 몸을 단단히 묶습니다. 딱딱한 번데기가 되면 움직이지 않고 아무것도 먹지 않습니다. 며칠이 지나 등이 갈라져서 머리가 나오고 날개가 나오고, 드디어 배추흰나비가 날아오릅니다.

에어드롭 속 창의 과학
에어드롭을 만들 수 있게 한 동물은?

에어드롭은 땅속에 묻힌 파이프로 공기를 모으는 장치야. 에어드롭은 사막에 사는 이 곤충이 물방울을 모으는 과정을 관찰하면서 나온 발명품이지. 이 곤충은 안개가 끼는 아침이면 모래 언덕 정상에 올라 바람이 불어오는 방향으로 등을 돌리고 물구나무를 선다고 해. 그 곤충의 등에는 미세한 각질층이 있는데, 그곳에 공기 중 수분이 물방울로 맺히는 거야. 그리고 이 곤충의 등딱지는 물방울이 잘 구를 수 있는 각도여서 이 곤충은 물방울을 입으로 굴려 마셔. 이것은 1년 내내 비가 거의 내리지 않는 가장 건조한 사막에서 살기 위한 이 곤충만의 비법이야.

에어드롭은 이 곤충처럼 땅속에 묻힌 파이프들이 대기 중에 공기를 들어오게 하는데, 낮은 땅속 온도 때문에 공기 속 수증기가 이슬로 맺히게 돼. 이렇게 모인 물은 다시 땅속의 농작물 뿌리가 빨아들여. 에어드롭은 에너지를 특별히 사용하지 않고, 깨끗한 물을 얻기에 가치가 크다고 해. **에어드롭을 만들 수 있었던 건 어떤 동물 때문일까?**

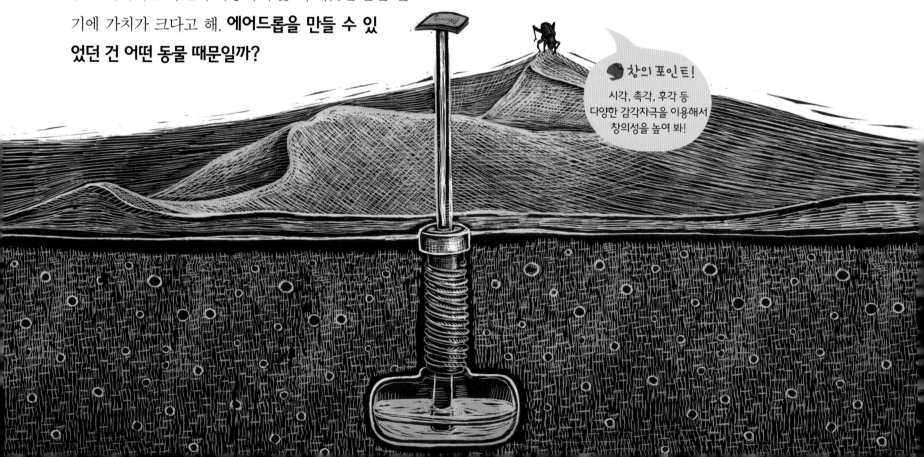

창의 포인트!
시각, 촉각, 후각 등
다양한 감각자극을 이용해서
창의성을 높여 봐!

딱정벌레는 한국에 8,000여 종 정도로 종수가 많고 종에 따라 모양, 크기, 빛깔 등이 다양해요. 딱정벌레류의 특징은 앞날개가 두껍고 딱딱하고, 등 쪽 정중선에서 합쳐져 있답니다. 입은 씹기에 알맞게 큰턱이 잘 발달해 있어요.

정답은 바로 이것!
에어드롭이 발명될 수 있었던 건 바로 **스테노카라(사막) 딱정벌레 등딱지** 때문이야!

🔍 탐구 활동

완전 탈바꿈과 불완전 탈바꿈에 대해 알아보아요!

배추흰나비처럼 알, 애벌레, 번데기, 성충의 단계를 거치는 곤충들이 있어요. 한살이에서 번데기 단계를 거치는 것을 완전 탈바꿈이라고 해요. 파리, 모기, 사슴벌레, 무당벌레, 장수풍뎅이 등의 곤충이 여기에 속해요.

물에 알을 낳는 잠자리는 번데기 단계 없이 알, 애벌레, 성충의 단계를 거쳐요. 한살이에서 번데기 단계를 거치지 않는 것을 불완전 탈바꿈이라고 하죠. 사마귀, 메뚜기, 매미, 노린재 등의 곤충이 속해요. 하지만 모두 알에서 나와 애벌레 단계를 거쳐 성충이 되기까지 허물을 벗는답니다.

완전 탈바꿈

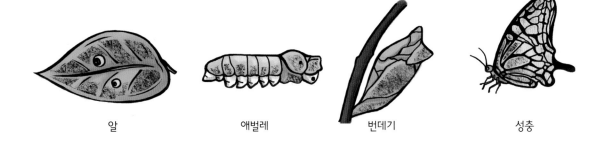

| 알 | 애벌레 | 번데기 | 성충 |

불완전 탈바꿈

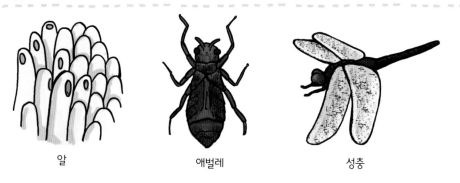

| 알 | 애벌레 | 성충 |

로봇 렉스 속 창의 과학

로봇 렉스에 아이디어를 준 곤충은?

세상에서 가장 무서운 게 뭔지 알아? 놀랍게도 이것을 무서워하는 사람들이 많아. 무서워하는 이유를 들어 보면 긴 더듬이와 징그러운 다리, 그리고 더럽고, 생명력이 길어서래. 과학자들은 우리가 싫어하고, 무서워하는 이 곤충의 다리에서 멋진 아이디어를 얻었어. 이 곤충은 다리를 자유롭게 움직일 수 있고, 다리의 첫 번째 마디 근육이 발달해서 매우 빨리 달릴 수 있어.

과학자들은 이 곤충의 다리 움직임을 보고 땅과 물속에서 빠르게 움직일 수 있는 로봇 '렉스(RHex)'를 만들었어. 6개 다리를 가진 로봇 렉스는 사막이나 원자력 발전소 등에서 위험에 처한 사람들을 구하려고 만들었지. **로봇 렉스는 어떤 곤충에서 아이디어를 얻었을까?**

창의 포인트!
창의성을 키우려면 다양한 시각으로 보는 훈련이 꼭 필요해!

바퀴벌레는 전 세계적으로 400종이 있어요. 우리나라에도 7종이 있고, 몸집이 작은 것부터 큰 것까지 종류가 다양해요. 열대 지방이나 습기가 많은 지역을 좋아한답니다. 바퀴벌레는 불완전 탈바꿈을 해서 유충과 성충이 거의 비슷하답니다. 성충의 수명은 3개월부터 1년 이상까지 다양하고, 암컷은 죽을 때까지 알을 낳는답니다. 바퀴류는 생명력이 강해 지구에서 오래된 곤충류로 "살아 있는 화석"이라고 불려요.

정답은 바로 이것!
바퀴벌레 다리에서 얻은 아이디어가 바로
로봇 렉스가 되었어!

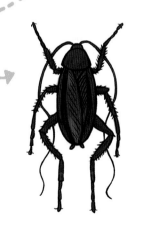

🔍 탐구 활동

물에 사는 동물을 알아보아요!

강, 바다, 갯벌에 사는 동물들에 대해 알아보아요. 강물 속에는 붕어, 미꾸리, 메기 등과 같은 민물고기와 다슬기, 물자라, 가재 등과 같은 생물들이 살아요. 물속에서 살지 않지만 개구리, 왜가리, 수달 등은 물속 생물들을 잡아먹으며 살기에 물가에서 산답니다. 바닷물 속에는 상어, 돌고래, 오징어, 가오리, 전복 등 다양한 물고기들이 있고요. 갯벌에는 굴을 파고 사는 짱뚱어, 갯지렁이, 게와 갯벌 생물을 잡아먹는 도요새 등이 살아요. 갯벌 바위에 붙어사는 생물로는 말미잘, 조개, 따개비 등이 있고 이 생물들은 플랑크톤을 잡아먹으며 살아요.

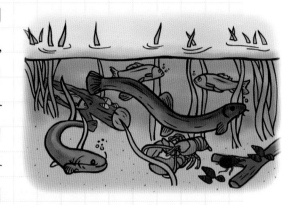

여치 귓속 창의 과학
여치 귓속을 관찰해 만든 것은?

찌르르, 찌르르 울음소리로 유명한 여치는 놀라운 청각을 가졌어. 여치의 귀는 양쪽 앞다리에 있어. 각 귀에는 2개의 고막이 있는데, 그 고막 안에는 특별한 기관이 있어. 그 특별한 기관은 액체로 가득 차 있고, 마치 풍선처럼 생겼어. 이것을 소리 주머니라 부르는데, 사람 귓속 달팽이관처럼 소리를 전달하고, 소리가 커지게 하는 일을 해. 여치의 청각이 좋았던 이유가 바로 여기에 있어. 여치 귀의 구조는 사람 귀와 비슷하지만 사람보다 여치가 월등히 좋은 귀를 가지고 있어.

과학자들은 여치의 청각 기능을 연구해서 예전보다 더 작고 성능이 좋은 이것을 만들었어. 이것은 소리를 잘 듣지 못하는 사람들이 귀에 넣고 사용하는 기계로 소리를 크게 만들어서 잘 들리게 해 주지. **여치의 귓속에서 얻은 아이디어로 무엇을 만들었을까?**

여치는 가늘고 긴 실 모양의 더듬이를 갖고 있어요. 대개 녹색이며, 주로 낮에 움직이고 저녁에 잘 운답니다. 앞날개를 비벼서 소리를 내는데 귀뚜라미 울음소리처럼 들리기도 해요.

🐞 **창의 포인트!**
창의성을 키우려면 세밀하고, 정교하게 보고, 그리는 것도 중요해!

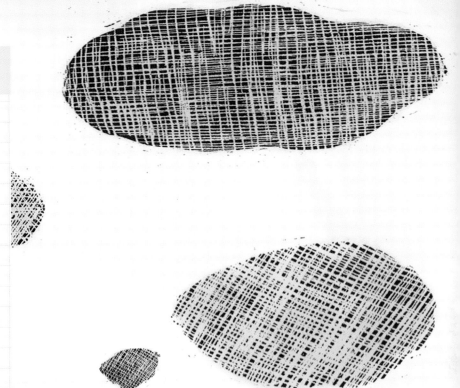

🔍 탐구 활동

곤충의 귀에 대해 알아보아요!

곤충들에게도 귀가 있을까요? 곤충들은 개나 사람과 같은 귀를 갖고 있지 않아요. 하지만 나름대로 청각기를 가지고 있어 소리를 감지할 수 있답니다.

청각기의 위치는 곤충의 종에 따라 달라요. 귀뚜라미나 여치는 앞다리에 고막이 있고, 메뚜기와 자나방, 매미는 복부(배)에 있어요. 곤충들은 이곳에서 소리를 모으고, 변환하여 그 소리의 주파수를 분석한답니다.

정답은 바로 이것!
여치 귀에서 얻은 아이디어가 바로 **보청기**에 쓰이고 있어!

연잎 속 창의 과학
연잎에서 얻은 아이디어로 만든 것은?

비 온 뒤 연잎에 맺혀 있는 물방울을 본 적 있니? 왜 연잎과 토란잎들은 비에 젖지 않는 걸까? 과학자들은 그 이유를 찾으려고 전자 현미경으로 연잎을 관찰했어.

연잎 표면에는 아주 작은 돌기들로 이뤄진 봉오리들이 가득했어. 연잎이 젖지 않는 건 바로 많은 미세 돌기가 물방울과 연잎이 닿는 각도를 크게 만들기 때문이야. 바닥 면이 초소수성을 띄면 물방울은 거의 공 모양이 돼. 그래서 연잎에 물방울이 공처럼 동글동글 맺히는 거야. 이런 초소수성의 원리는 우산, 자동차, 유리 등의 코팅 산업 분야와 젖지 않는 옷을 만드는 섬유 분야에서 많이 쓰였어. 하지만 지금은 핸드폰, 카메라와 같은 전자 기기 분야에서 많이 쓰이고 있어. **연잎에서 얻은 아이디어는 무엇이 되었을까?**

💬 **창의 포인트!**
반대로 생각하기도 창의력을 키우는 방법이야!

초소수성!

연잎은 연(蓮)의 잎이에요. 꽃은 연꽃, 뿌리는 연근이라고 불러요. 연은 한여름에 흰색, 분홍색 등의 커다란 꽃을 피운답니다. 연은 연근, 연잎밥, 연잎차 등으로 다양하게 먹을 수 있어요.

친수성과 소수성을 어떻게 구분할까?

물방울이 바닥면에 놓여 있을 때 물방울이 닿는 면과 접촉하는 각도로 친수성과 소수성을 결정해. 물방울이 바닥면과 접촉하는 각도가 60도보다 크면 소수성, 30도보다 작으면 친수성이지. 그런데 연잎은 무려 150도 이상인 **초소수성 성질**을 가졌어.

정답은 바로 이것!
연잎에서 얻은 아이디어가 바로 물에 **젖지 않은(방수) 스마트폰**이 되었어!

씨앗들에 대해 알아보아요!

씨는 색깔, 크기, 모양, 촉감이 모두 다르답니다.

수박씨, 채송화씨는 검은색, 강낭콩씨는 검붉은 색이나 알록달록하기도 하고, 볍씨나 참외씨 등은 노란색이에요. 모양은 대체로 둥글지만, 옥수수씨는 윗부분은 둥글지만 옆은 넓적하고, 볍씨는 길쭉하지요.

콩씨는 종류에 따라 모양과 색이 다양해요. 강낭콩씨, 은행나무씨, 수박씨는 촉감도 매끈하지만, 볍씨, 해바라기씨는 거칠거칠해요. 씨가 싹이 트려면 적당한 양의 물과 알맞은 온도, 공기 등이 필요하답니다.

도꼬마리 열매 속 창의 과학
도꼬마리 열매가 아이디어를 준 것은?

1941년 스위스 전기 기술자 '조지 드 메스트랄(George de Mestral)'은 사냥 후 집으로 돌아오는 길에 옷에 잔뜩 달라붙어 있는 도꼬마리 열매를 발견했어. 그는 쉽게 떨어지지 않는 도꼬마리가 의아해 현미경으로 관찰해 보았지. 그랬더니 갈고리처럼 생긴 털이 섬유 올을 잡고 있어서 잘 떨어지지 않았던 거야.

그는 도꼬마리 열매의 성질을 응용하여 여러 차례 실험을 한 뒤 제품을 만들었어. 이것은 바로 찍찍 소리를 내며 붙였다가 떨어지는 물건이야. 이 물건은 지갑, 신발, 스포츠용품, 생활필수품에 다양하게 사용되었고, 작은 면적으로 엄청난 무게를 견딜 수 있어 미국항공우주국 나사(NASA)에서도 관심을 보였다고 해. **도꼬마리 열매는 무엇을 만드는 데 아이디어를 주었을까?**

창의 포인트!
세심한 관찰력은 기본이야!
누가 현미경으로
볼 생각을 했겠어!

도꼬마리는 한해살이 풀로, 온몸에 짧고 빳빳한 털이 가득해요. 도꼬마리 열매는 동물이나 사람의 몸에 붙어서 번식하죠. 꽃은 8~9월에 황색으로 피고, 열매는 비염 치료에 쓰인답니다.

🔍 탐구 활동

**다양하고 수많은 씨를 관찰하려면
어떤 방법이 좋을까요?**

먼저, 색깔판을 이용해서 색깔로 구분할 수 있
어요. 돋보기를 이용해 씨의 모양으로도 구분
할 수 있지요. 씨의 모양은 전체, 옆, 끝 모양
등 다양한 위치에서 관찰하고, 입체적인 그림
으로 그려도 좋아요.

또 다른 방법으로 촉감을 만져 보며, 어떤 느
낌인지 적어 보는 것도 도움이 된답니다. 비슷
한 촉감끼리 연결 짓는 것도 좋은 방법이에요.
마지막으로 자와 같은 도구를 이용해 씨의 길
이와 너비 등 크기를 재는 방법도 있답니다.

씨앗종류

색깔판

자

돋보기

✏️ 정답은 바로 이것!

도꼬마리 열매에서 얻은
아이디어가 바로 **벨크로
(찍찍이)**가 되었어!

39

민들레 갓털 속 창의 과학
민들레 씨앗을 관찰해 만든 것은?

봄이 되면 노란 민들레꽃이 여기저기서 피어나지. 민들레꽃이 지면 흰 갓털이 가득한 씨앗이 생겨. 아마 모두 민들레 씨앗을 바람에 날려 본 적이 있을 거야. 민들레 씨앗은 단풍나무처럼 바람을 통해 번식해. 하지만 다른 점이 있어. 단풍나무의 씨앗에는 날개가 있지만 민들레 씨앗에는 날개 대신 갓털이 있어. 갓털은 털 모양의 돌기를 부르는 말로, 옛사람들이 머리에 썼던 갓과 닮아서 붙여진 이름이야. 그러니까 민들레 홀씨가 아닌 민들레 갓털이 정확한 이름이지.

민들레 씨앗의 갓털은 꽃받침이 변한 것으로, 바람을 타고 잘 날아갈 수 있게 해 줘. 버드나무 씨앗, 버즘나무 씨앗들도 모두 갓털이 달려서 멀리 날아가 번식하는 식물들이야. **민들레 씨앗처럼 생겨서 우리를 날 수 있게 해 준 건 무엇일까?**

민들레는 산과 들에서 잘 자라는 풀이에요. 꽃은 노란색, 흰색으로 봄에 핀답니다. 잎은 먹을 수 있으며, 뿌리는 약으로 쓰인답니다.

🗨 **창의 포인트!**
어떤 것을 보고, 연관되는 다른 사물을 떠올리는 유추능력이 중요해!

🔍 탐구 활동

식물이 사는 곳을 알아보아요!

식물은 사는 곳이 모두 같을까요? 기후에 따라 식물이 사는 곳도 달라요. 해를 좋아하는 식물인지 아닌지, 물을 좋아하는지 아닌지에 따라서도 사는 곳이 달라져요.

먼저 숲과 들에 사는 식물들을 알아보아요. 소나무, 잣나무, 때죽나무, 해바라기, 나팔꽃, 민들레, 강아지풀, 개망초 등은 햇볕을 좋아하는 식물들이에요.

숲과 들에 살지만 이끼나 고사리, 맥문동과 식물은 같이 해가 들지 않는 그늘진 곳을 좋아해요. 이끼는 나무 밑, 바위틈, 물가 주변과 같이 그늘지고, 습기가 많은 곳에서 잘 자라요.

물에 사는 식물은 보풀, 창포, 부들, 갈대처럼 물가에 사는 식물, 개구리밥, 생이가래, 부레옥잠과 같이 물 위에 떠서 사는 식물, 수련이나 연꽃처럼 잎이나 꽃이 물 위에 떠 있는 식물, 새우가래, 검정말, 나사말과 같이 물속에 잠겨서 사는 식물로 나눌 수 있어요.

정답은 바로 이것!
민들레 씨앗에서 얻은 아이디어로 바로
낙하산을 만들었어!

태양열 발전소 속 창의 과학

태양열 발전소에 아이디어를 준 식물은?

스페인의 한 사막 지역에 가면 수백 개 거울이 100미터 높이의 기둥을 둘러싸고 있는 모습을 볼 수 있어. 이게 뭐냐고? 바로 '헬리오스타트'라는 태양열 발전소야.

이 발전소에서 가장 눈여겨볼 것은 바로 반사 거울의 배치야. 반사 거울의 배치는 대학의 연구진들이 태양을 따라 움직이는 이 꽃의 신비한 수학적 배열을 보고 그대로 따라 한 거야.

이 꽃은 커다란 통꽃 안에 작은 꽃들이 가득 피어. 작은 꽃들은 서로 137.5도의 각도를 유지하지. 그러면 해를 더 골고루 받을 수 있대. 이 원리를 이용해서 반사 거울을 배열하자, 발전소의 에너지 발전량이 크게 늘었다고 해. 수백 개의 반사 거울은 이 꽃처럼 종일 태양을 따라 움직여. 그리고 중앙에 있는 기둥에다 태양 빛을 집중시켜. 중앙 기둥에 모인 태양열은 약 6,000여 가구에 전기를 공급할 수 있대. 정말 대단하지? **작은 꽃들이 가득 피며 태양을 따라다니는 이 꽃은 무엇일까?**

🐦 창의 포인트!

진짜 해바라기가 되었다고 상상해 봐. 창의력을 키우려면 무언가 되어 보는 상상하기가 필요해!

해바라기는 커다란 통꽃 안에 작은 꽃들이 가득 피고, 그 꽃들이 열매가 됩니다. 키가 2미터 정도까지 자라고, 씨는 먹을 수 있어요.

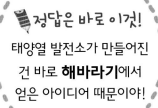
정답은 바로 이것!

태양열 발전소가 만들어진 건 바로 **해바라기**에서 얻은 아이디어 때문이야!

🔍 탐구 활동

식물을 기르면서 한살이 관찰하기

1) 키울 식물을 선택하고, 어디에 심을지 정해요.

2) 식물의 물과 영양분을 언제 줄지 계획을 세워요.

3) 식물을 기르면서 무엇을 관찰할지, 어떻게 관찰할지 계획을 세워요.

4) 관찰 계획서를 만들어요.

5) 매일 식물을 관찰하며 관찰 일지에 결과를 정리해요.

관찰 일지	이름: 강바람
관찰한 날: 2015년 8월 5일	관찰한 곳: 학교 운동장
관찰한 식물: 강낭콩	관찰한 방법: 눈으로 보기
관찰 내용 그림으로 표현하기	관찰 내용 적어 보기

줄기가 더 자랐고,
잎도 더 커졌다.
꽃봉오리가 생겼다.

🐟 창의 포인트!
항상 열린 눈과 마음이
준비되어야 해!

단풍나무 씨앗 속 창의 과학

단풍나무 씨앗이 떨어지는 원리를 이용해 만든 것은?

단풍나무와 복자기나무, 피나무 등의 공통점은 씨앗에 날개가 달려 있다는 거야. 이런 씨앗들은 바람을 통해 번식해. 바람에 더 멀리 날아가려고 날개를 달고 있지.

단풍나무 씨앗이 떨어질 때 보면 마치 회전날개처럼 빙빙 돌면서 떨어져. 이것은 최대한 빨리 떨어지지 않고 떨어지면서 바람을 만나 멀리 퍼지려는 속셈이지.

뱅글뱅글 도는 씨앗의 윗면에는 소용돌이가 생기고, 압력을 낮추어 떠오르는 힘을 만들어.

박쥐, 벌새, 곤충들도 이런 식의 소용돌이를 이용해. 동물과 식물은 비행 능력을 높이려고 계속 진화하지. **단풍나무 씨앗이 떨어지는 원리를 이용해 만든 건 무엇일까?**

단풍나무는 손가락처럼 벌어진 잎을 가진 나무예요. 잎은 가을에 붉은색으로 물들죠. 봄에 핀 작은 꽃에서 2개의 날개가 달린 열매가 맺힌답니다.

44

한해살이 식물

코스모스

채송화

나팔꽃

벼

해바라기

호박

강낭콩

정답은 바로 이것!
단풍나무 씨앗에서 얻은 아이디어가 바로
헬리콥터의 프로펠러가 되었어!

🔍 **탐구 활동**

한해살이 식물과 여러해살이 식물을 비교해 보아요!

한해살이 식물은 한살이 기간이 1년인 식물들을 말해요. 이 식물들은 봄에 싹이 트고, 꽃과 열매를 맺고 대를 잇고 죽는답니다. 우리가 주변에서 쉽게 보는 풀은 대부분 한해살이 식물이에요. 나팔꽃, 코스모스, 해바라기, 채송화, 강아지풀, 호박, 벼, 봉숭아, 강낭콩이 모두 한해살이 식물이죠.

여러해살이 식물은 한살이 기간이 여러 해에 걸쳐 이루어지는 식물로 2년 이상을 살아요. 이 식물들은 열매를 맺어 죽는 것이 아니라 알뿌리나, 땅속줄기나 나뭇가지로 겨울을 나고 여러 해를 살아가요. 벚나무, 개나리, 진달래와 같은 나무들이 많고, 풀로는 민들레, 제비꽃, 쑥, 초롱꽃, 붓꽃 등이 여러해살이 식물이랍니다.

여러해살이 식물

벚나무

개나리

제비꽃

민들레

쑥

붓꽃